U0061192

3-4歲 上

幼稚園腦力
邏輯思維訓練

何秋光 著

新雅文化事業有限公司
www.sunya.com.hk

幼稚園腦力邏輯思維訓練（3-4歲上）

作　　者：何秋光
責任編輯：趙慧雅
美術設計：蔡學彰
出　　版：新雅文化事業有限公司
香港英皇道 499 號北角工業大廈 18 樓
電話：（852）2138 7998
傳真：（852）2597 4003
網址：http://www.sunya.com.hk
電郵：marketing@sunya.com.hk
發　　行：香港聯合書刊物流有限公司
香港荃灣德士古道220-248號荃灣工業中心16樓
電話：（852）2150 2100
傳真：（852）2407 3062
電郵：info@suplogistics.com.hk
印　　刷：中華商務彩色印刷有限公司
香港新界大埔汀麗路36號
版　　次：二〇二二年一月初版
二〇二三年一月第二次印刷

版權所有・不准翻印

原書名：《何秋光思維訓練（新版）：兒童數學思維訓練遊戲（3-4 歲）全二冊 ①》
何秋光著
中文繁體字版 © 何秋光思維訓練（新版）：兒童數學思維訓練遊戲（3-4 歲）全二冊 ① 由接力出版社有限公司正式授權出版發行，非經接力出版社有限公司書面同意，不得以任何形式任意重印、轉載。

ISBN: 978-962-08-7897-8
©2022 Sun Ya Publications (HK) Ltd.
18/F, North Point Industrial Building, 499 King's Road, Hong Kong
Published in Hong Kong SAR, China
Printed in China

系列簡介

本系列圖書由中國著名幼兒數學教育專家何秋光編寫，根據 3-6 歲兒童腦力思維的發展設計有趣的活動，培養九大邏輯思維能力：觀察力、判斷力、分析力、概括能力、空間知覺、推理能力、想像力、創造力、記憶力，幫助孩子從具體形象思維提升至抽象邏輯思維。全套共有 6 冊，分別為 3-4 歲、4-5 歲以及 5-6 歲（各兩冊），全面展示兒童在上小學前應當具備的邏輯思維能力。

作者簡介

何秋光是中國著名幼兒數學教育專家、「兒童數學思維訓練」課程的創始人，北京師範大學實驗幼稚園專家。從業 40 餘年，是中國具豐富的兒童數學教學實踐經驗的學前教育專家。自 2000 年至今，由何秋光在北京師範大學實驗幼稚園創立的數學特色課「兒童數學思維訓練」一直深受廣大兒童、家長及學前教育工作者的喜愛。

目錄

觀察與比較

觀察與判斷

觀察與判斷

空間知覺

簡單推理

		九大邏輯思維能力								
		觀察能力	判斷能力	分析能力	概括能力	空間知覺	推理能力	想像力	創造力	記憶力
第 1 冊 (3-4 歲上)	觀察與比較	✓								
	觀察與判斷	✓	✓							
	空間知覺					✓				
	簡單推理						✓			
第 2 冊 (3-4 歲下)	觀察與比較	✓								
	觀察與分析	✓		✓						
	觀察與判斷	✓	✓							
	判斷能力		✓							
第 3 冊 (4-5 歲上)	概括能力				✓					
	空間知覺					✓				
	推理能力						✓			
	想像與創造							✓	✓	
	記憶力									✓
第 4 冊 (4-5 歲下)	觀察能力	✓								
	分析能力			✓						
	判斷能力		✓							
	推理能力						✓			
第 5 冊 (5-6 歲上)	量的推理						✓			
	圖形推理						✓			
	數位推理						✓			
	記憶力									✓
	分析與概括			✓	✓					
第 6 冊 (5-6 歲下)	分析能力			✓						
	空間知覺					✓				
	分析與概括			✓	✓					
	想像與創造							✓	✓	

誰的桃子最多

3 隻小刺蝟摘桃子，誰摘得最多，就在牠下面的圓圈裏塗紅色。

誰最大

看看每個格子裏的哪一隻動物最大，就把牠下面的圓圈塗綠色，哪一隻最小就塗黃色。

找盒子

下面的皮球分別放入哪個盒子裏最合適？請你把皮球跟相配的盒子連起來。

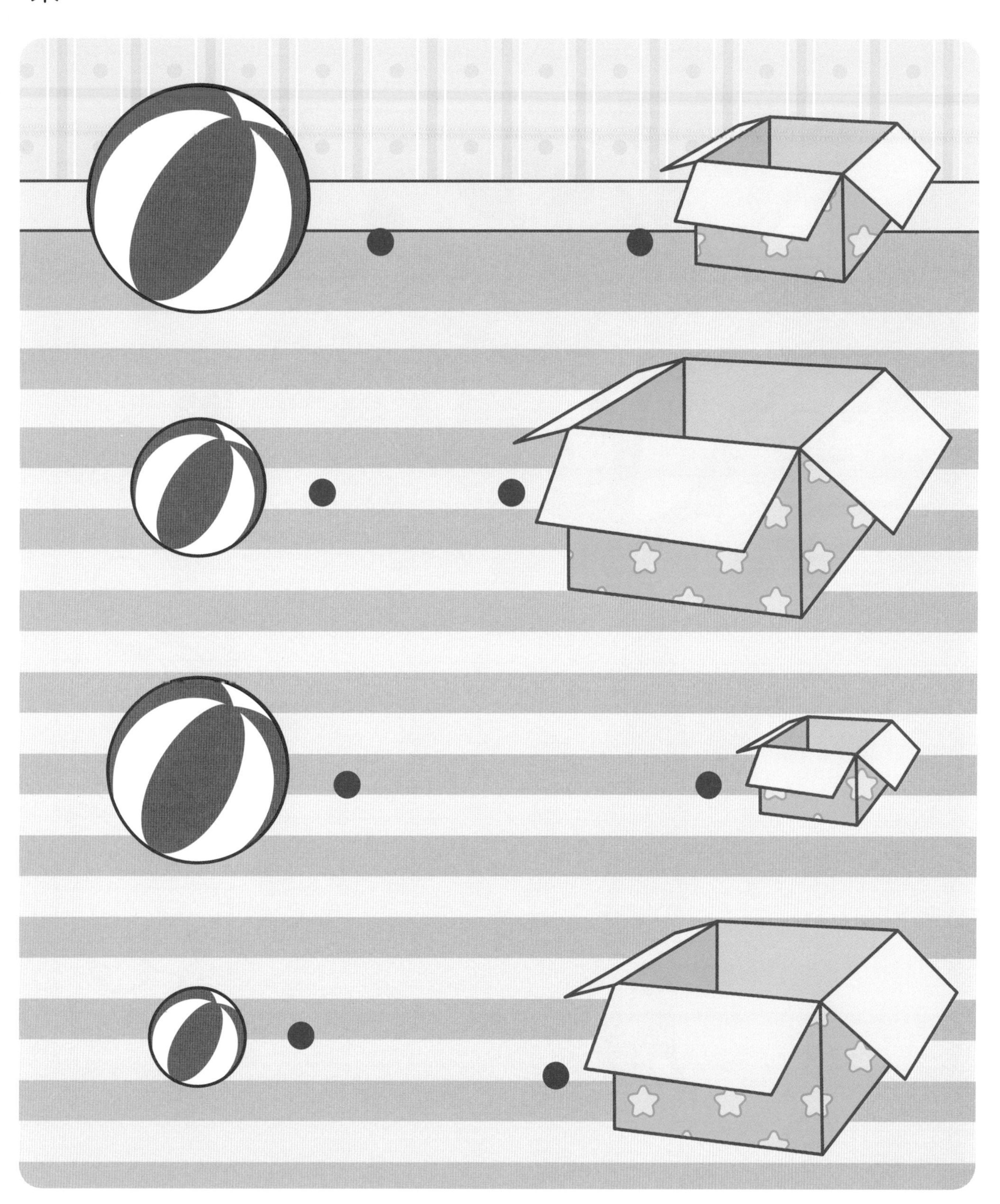

找相同鴿子

樹上有 5 隻鴿子，請你從右邊找出與樹上一樣的鴿子，給牠塗上相同的顏色。

找相同圍巾

動物們圍巾的顏色和花紋都不一樣。請你從貼紙頁取下圍巾貼紙，看一看和誰的圍巾一樣，就貼在牠旁邊的格子裏。

猴子躲起來

一隻猴子藏在大樹上，請你找一找，把牠圈起來。

動物捉迷藏

動物們在玩捉迷藏的遊戲。請你找出 8 隻藏起來的動物，然後說一說牠們的名稱。

小熊找食物

下面哪一個盤子上的食物跟小熊的盤子上的一樣？請你把盤子下面的圓圈塗色。

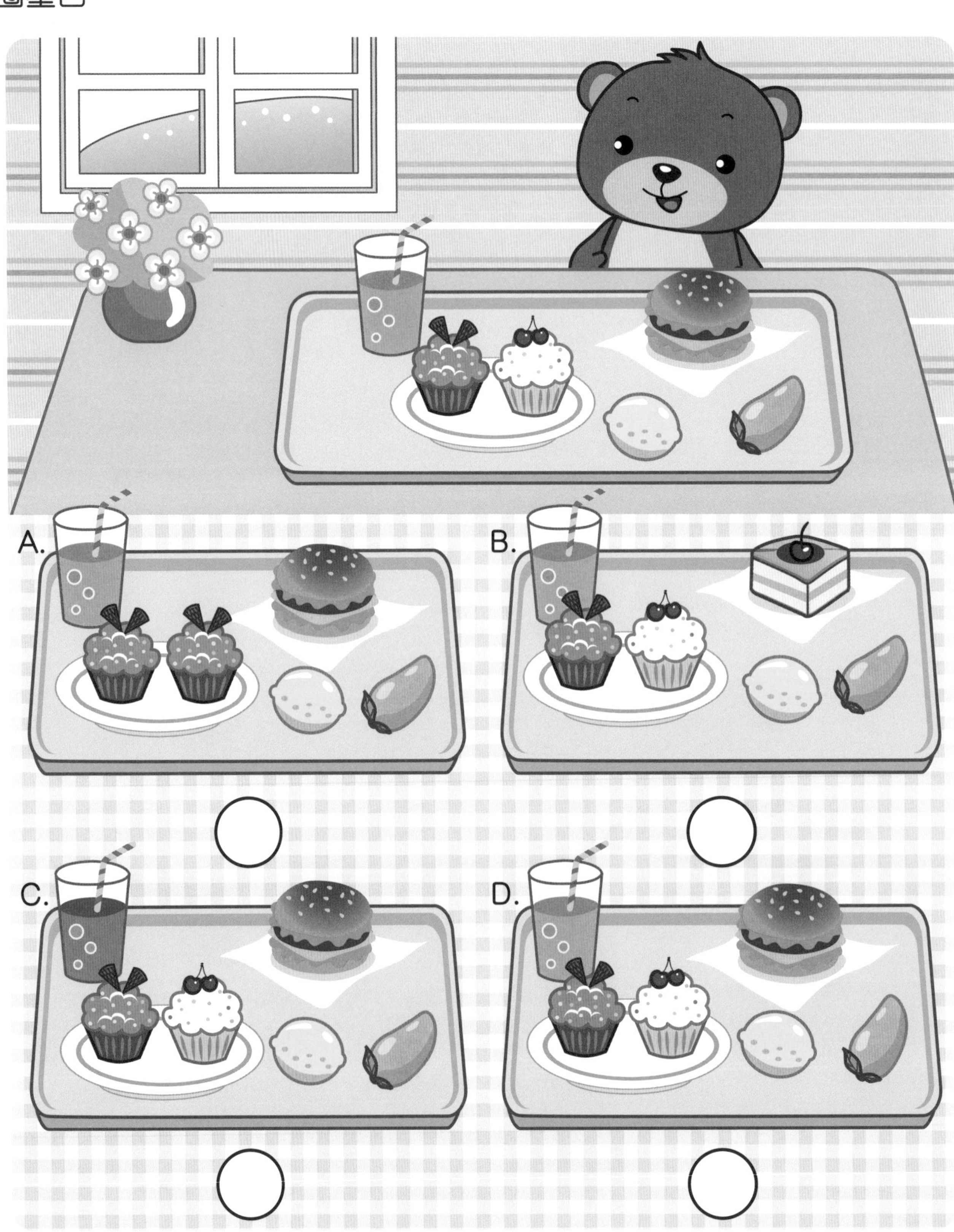

動物找尾巴

猜一猜這些都是誰的尾巴，請你從貼紙頁取下動物貼紙貼在正確的圓圈裏，貼完後說一說這些動物的名稱。

練習 10

配對影子

看一看這些影子是什麼，請你把影子跟相配的物品連起來。

練習 11

兩隻小猴子

請你找出 2 隻一樣的小猴子，把牠們圈起來。

練習 12

不一樣的鴨子

下圖的 7 隻小鴨子中，有 2 隻和其他 5 隻不一樣，請你把牠們圈起來。

輪胎的寬窄

動物們玩推輪胎的遊戲。誰的輪胎最寬，就把牠下面的圓圈塗紅色，誰的最窄便塗黃色。

書的厚薄

請你從貼紙頁取下圖書貼紙，按照書的厚薄，將同樣厚薄的書貼在同一層書架上。

練習 15

小羊的胖瘦

請你根據小羊們的胖瘦，給牠們選擇合適的腰帶，然後把小羊跟相配的腰帶連起來。

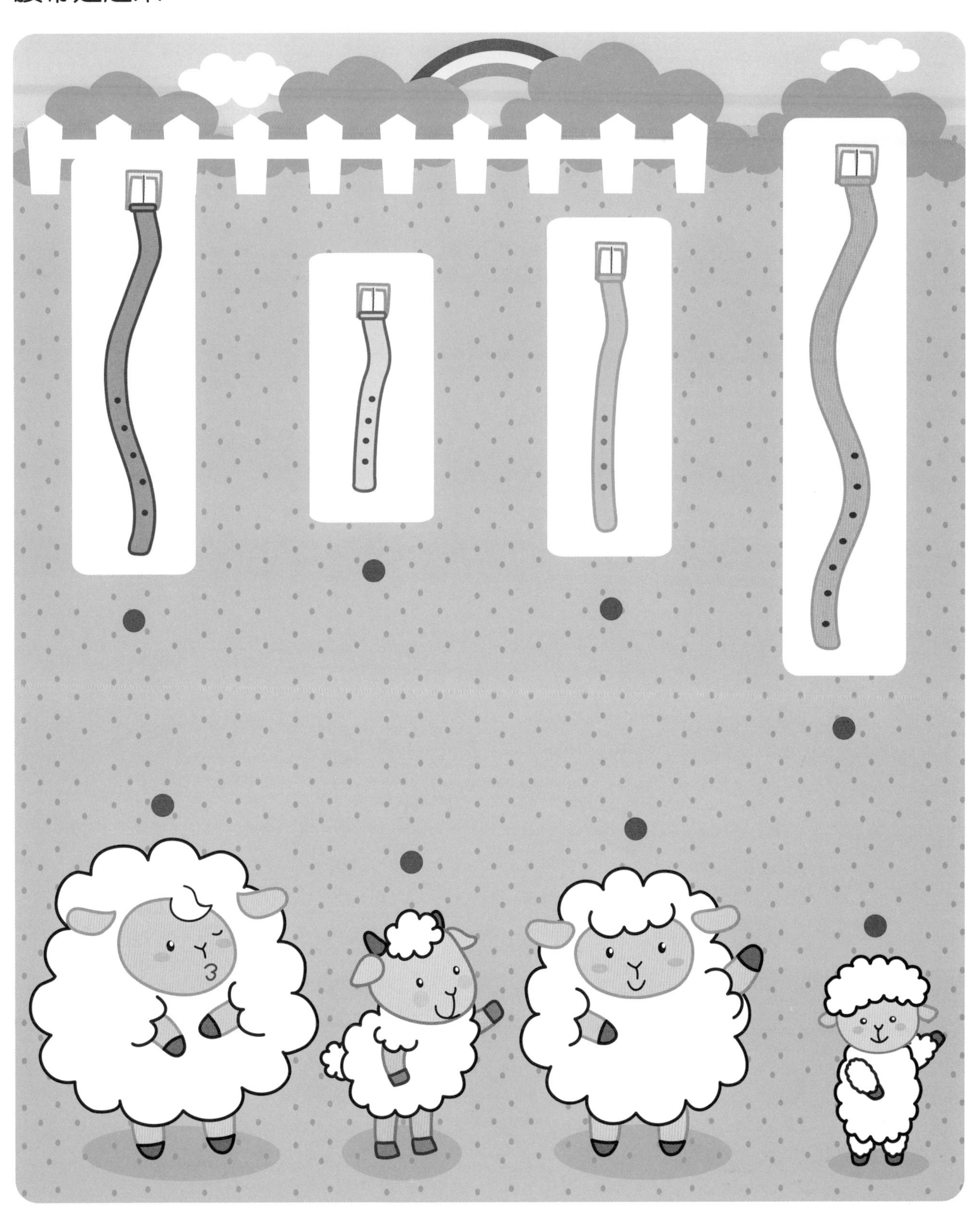

練習 16

相同圖案的杯子

請你給每個盤子選一個和它圖案相同的杯子，然後從貼紙頁取下杯子貼紙貼在相配的盤子上。

練習 17

烏龜上的花紋

每隻烏龜背上的花紋都不一樣。請你從貼紙頁取下花紋貼紙，看一看和誰背上的花紋一樣，就貼在牠旁邊的格子裏。

練習 18

誰的尾巴

看一看這些都是誰的尾巴，請你把尾巴跟正確的動物連起來。

練習 19

物品的大小

請你按照物品的大小排序，並在格子裏畫上相應數量的圓點。

鴨鵝大比拼

請你數一數河裏以及岸上的鴨子和鵝各有多少隻，然後用畫圓點的方法記下來。1 顆圓點表示數量 1。鴨子較多還是鵝較多？

練習 21

動物分氣球

大象、小馬、小鹿在分氣球。大象要 3 個，小馬要 4 個，小鹿要 2 個，請你用連線的方法把牠們和分到的氣球連起來。

送動物水果

數一數動物們伸了幾隻手指，然後把相配數量的水果圈起來。

小貓在分魚

小貓在分魚。小花貓 4 條，小灰貓 3 條，小白貓 2 條，小黃貓 5 條，請你從貼紙頁取下小魚貼紙，把正確數量的小魚貼紙貼在小貓的盤子裏。

找找水中魚

請你找出圖中的魚，給牠們塗上顏色。

找同類物品

請你說一說每一行的物品有什麼相同的地方，然後請你從貼紙頁找出同類物品的貼紙，貼在右邊的格子裏。

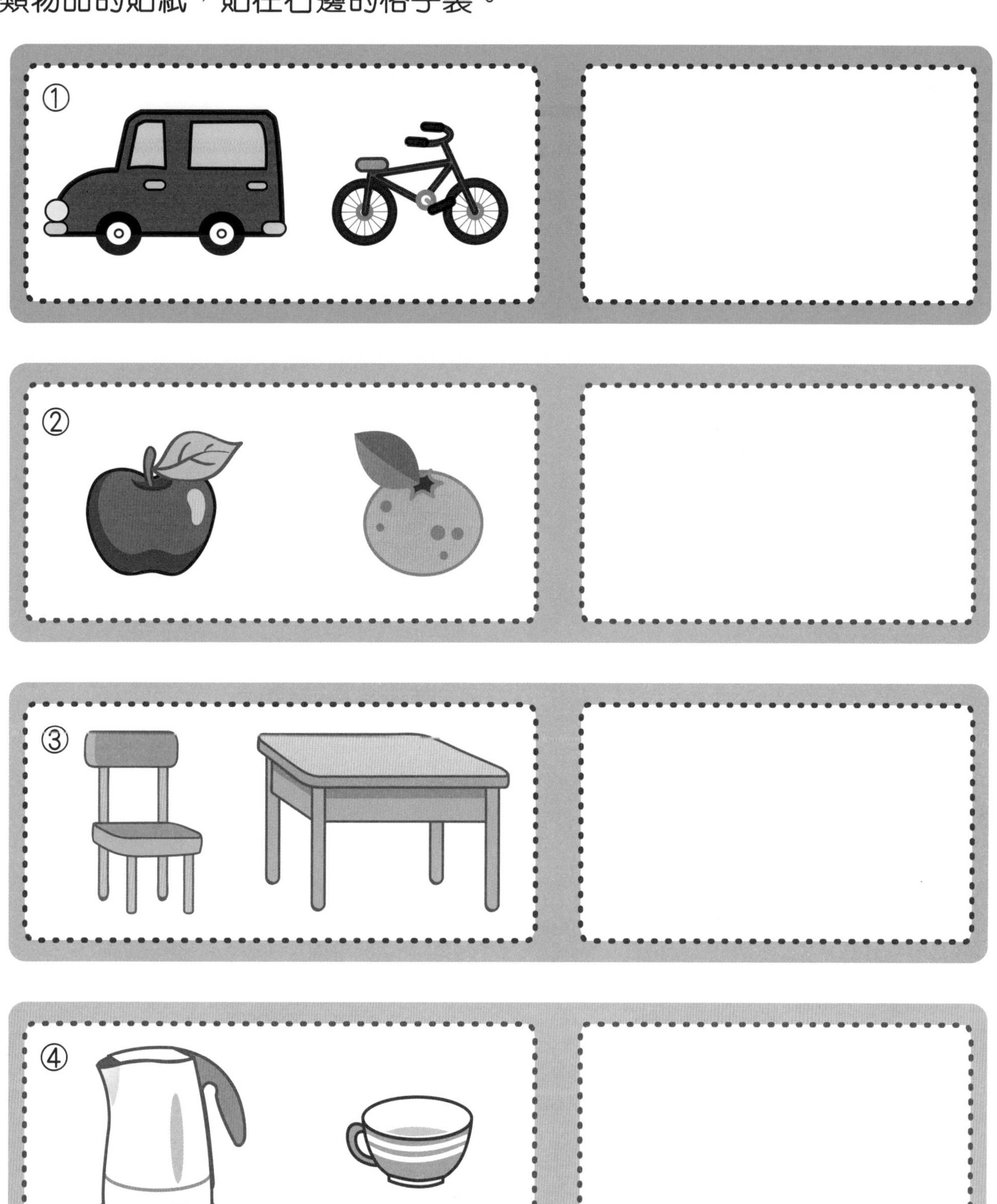

哪裏不一樣

請你把這兩幅圖中 5 個不一樣的地方圈起來，並說說有什麼不一樣。

練習 27 最快的交通

爸爸要出國，乘坐哪一種交通工具的速度會最快呢？請你把它圈起來。

交通大比拼

下面每組交通工具中，哪一種的速度比較快？請你把它圈起來。

小白兔過河

小白兔要過河去玩，牠可以用什麼方法過河呢？請你仔細看圖，把正確的過河方法圈起來。

會飛的東西

下面這些東西和動物中，哪些會飛？請你圈起來，然後說一說是什麼。

誰不同

下面每組圖中，有一個與其他的不同類，請你把它找出來，給它下面的圓圈塗色。

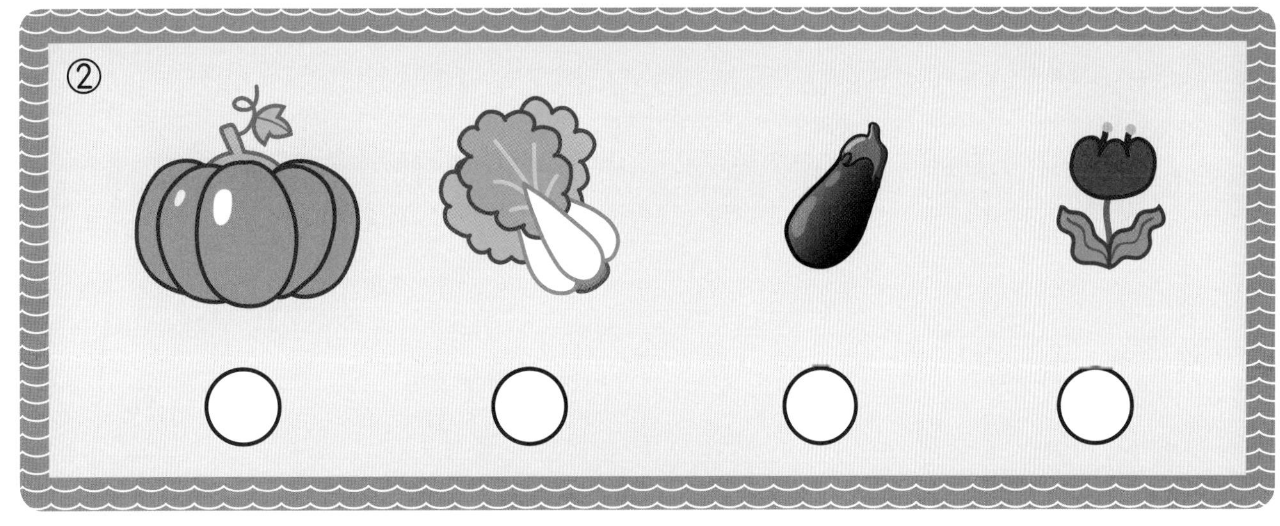

練習 32 果汁的顏色

媽媽製作了美味的果汁。你知道它們是用什麼水果製作的嗎？請你觀察果汁的顏色，然後從貼紙頁找出正確的水果貼紙貼到盤子裏。

練習 33

動物找同伴

下面的每組動物中，第幾隻和最右邊的動物一樣？請你把牠圈起來。

①

②

③

④

練習 34 動物愛吃什麼

想一想每隻動物喜歡吃什麼，然後從貼紙頁找出正確的食物貼紙貼在盤子裏。

練習 35

配成一對

左右兩邊的物品中哪兩個有關係？請你把相關的物品連起來。

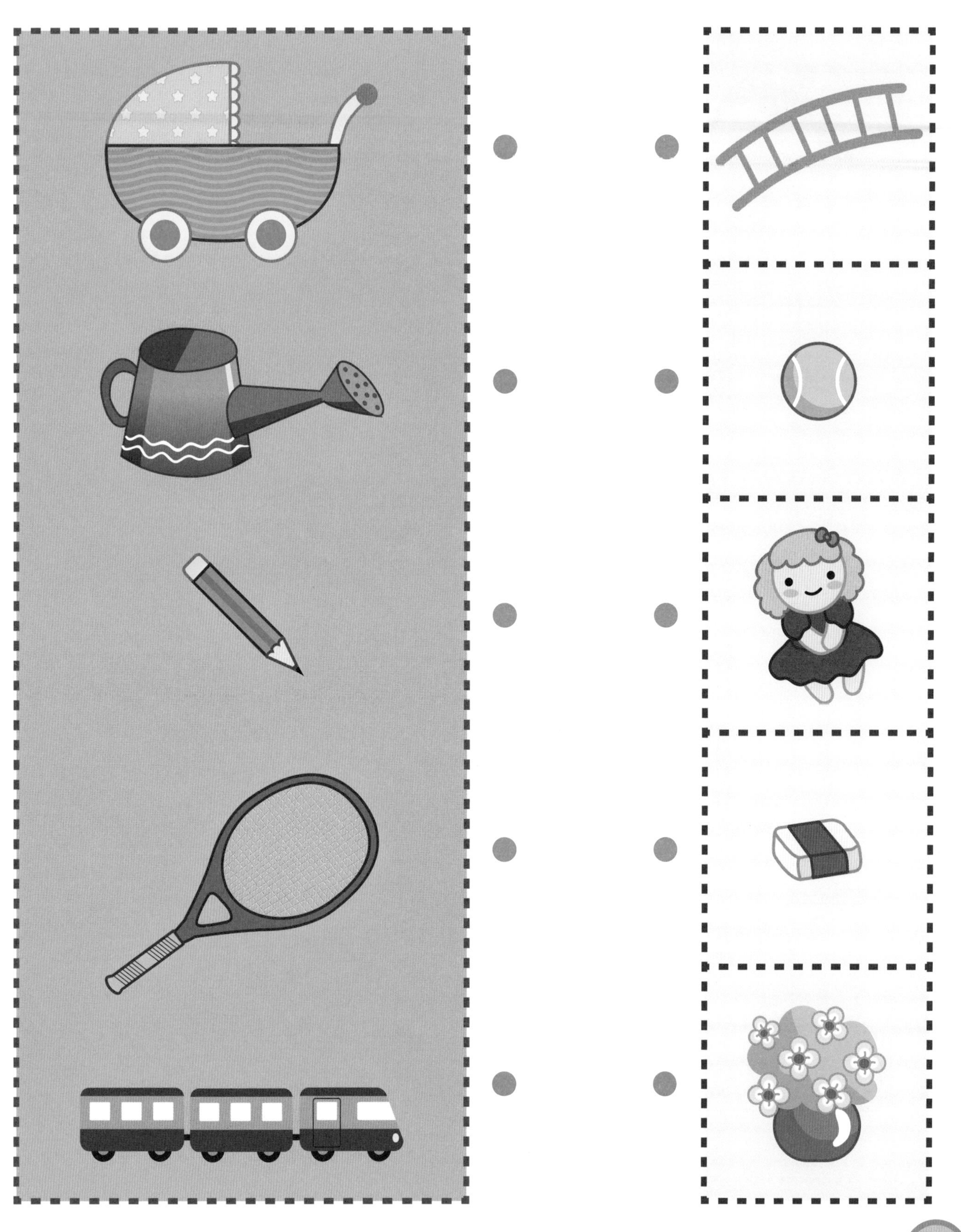

練習 36 醫院用品

下面哪些東西是在醫院裏用的？請你把它們圈起來。

練習 37

找生日蛋糕

請你看看動物手上的牌子，上面的數字表示動物的歲數。請你按動物的歲數和蛋糕上蠟燭的數量，把動物跟正確的蛋糕連起來。

練習 38

動物找服裝

仔細觀察下圖，想一想大象和小熊分別需要哪些服裝，請你把正確的服裝跟牠們連起來。

小朋友來比賽

仔細觀察下圖，請你把第一名圈起來，在第二名旁邊畫 2 個小圓，第三名旁邊畫 3 個小圓，第四名旁邊畫 4 個小圓。

動物來比賽

仔細觀察下圖，看一看共有幾隻動物在賽跑。請你圈出排第三的動物，再在排第五的動物下面畫一個小圓。

誰是第一名

請你觀察動物們在領獎台上的位置，然後從貼紙頁找出正確的數字貼紙貼在領獎台的格子裏，貼完後說一說誰是第一名。

練習 42

小熊洗澡

在下面的 3 幅圖中，有一幅和其他的不一樣，請你把它圈起來。

①

②

③

練習 43

動物找影子

請你把動物跟各自的影子連起來。

練習 44

電視機中的松鼠

動物們正在看電視。想一想，上面的 3 隻松鼠分別是哪台電視機裏的圖像？請你把松鼠跟正確的電視機連起來。

找錯處

看看下圖有哪些不合理的地方？請你把它們圈出來，然後說一說錯在哪裏。

動物的家

動物們手拿的圖形和牠們的家門形狀一樣，請你把動物跟自己的家門連起來。

練習 47

動物寶寶迷路了

動物寶寶迷路了，請你從貼紙頁找出動物寶寶貼紙，貼在正確的動物媽媽旁邊。

鸚鵡的羽毛

鸚鵡的羽毛丟了，小燕子幫忙找回來。請你把下面的羽毛跟相配的鸚鵡連起來。

動物寶寶有多少

花貓、花狗、白兔和母雞都有可愛的寶寶。數一數牠們分別有多少隻寶寶，然後在下面的格子裏畫相同數量的小圓點。

練習 50

數數有多少

蝴蝶、蜜蜂和花兒的數量分別是多少？請你把牠們跟右邊的圓點連起來。

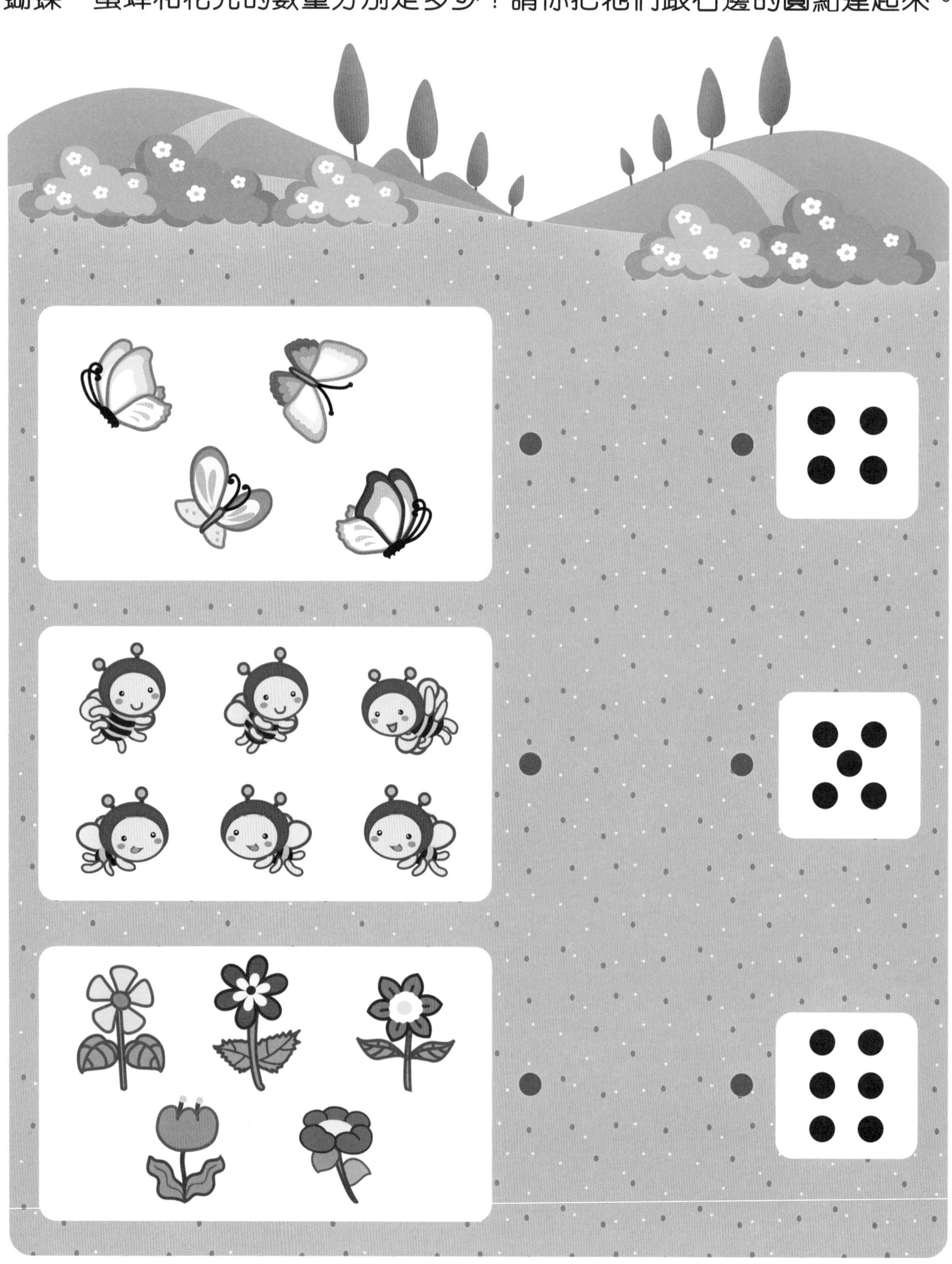

花兒有多少

請你看一看每個花瓶上的數字，然後從貼紙頁取下花朵貼紙，按照數量貼在花瓶上。

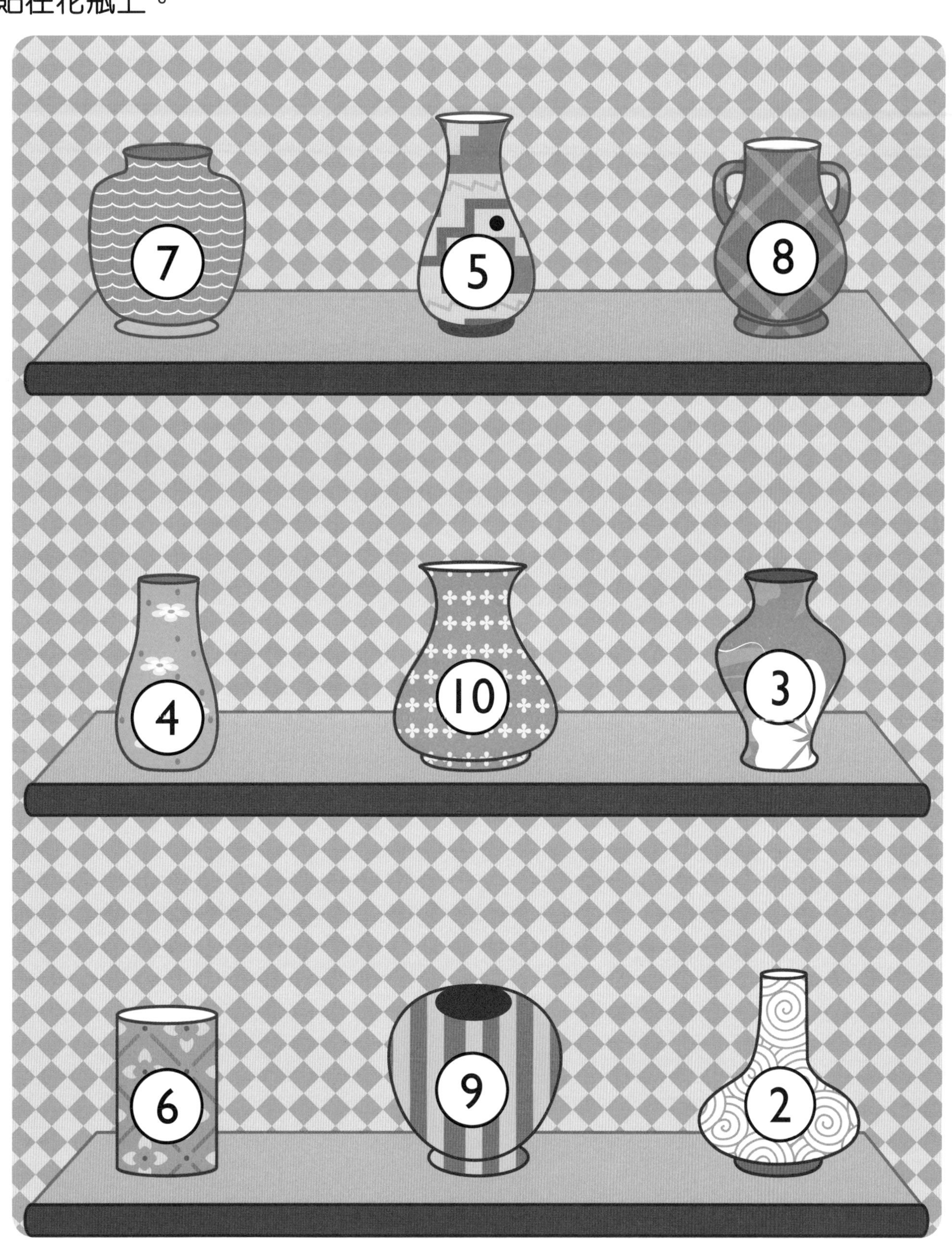

練習 52

小雞有多少

雞媽媽正在孵蛋，每隻蛋會孵出一隻小雞。數一數雞媽媽窩裏有多少隻蛋，然後把母雞跟右邊相同數量的雞寶寶連起來。

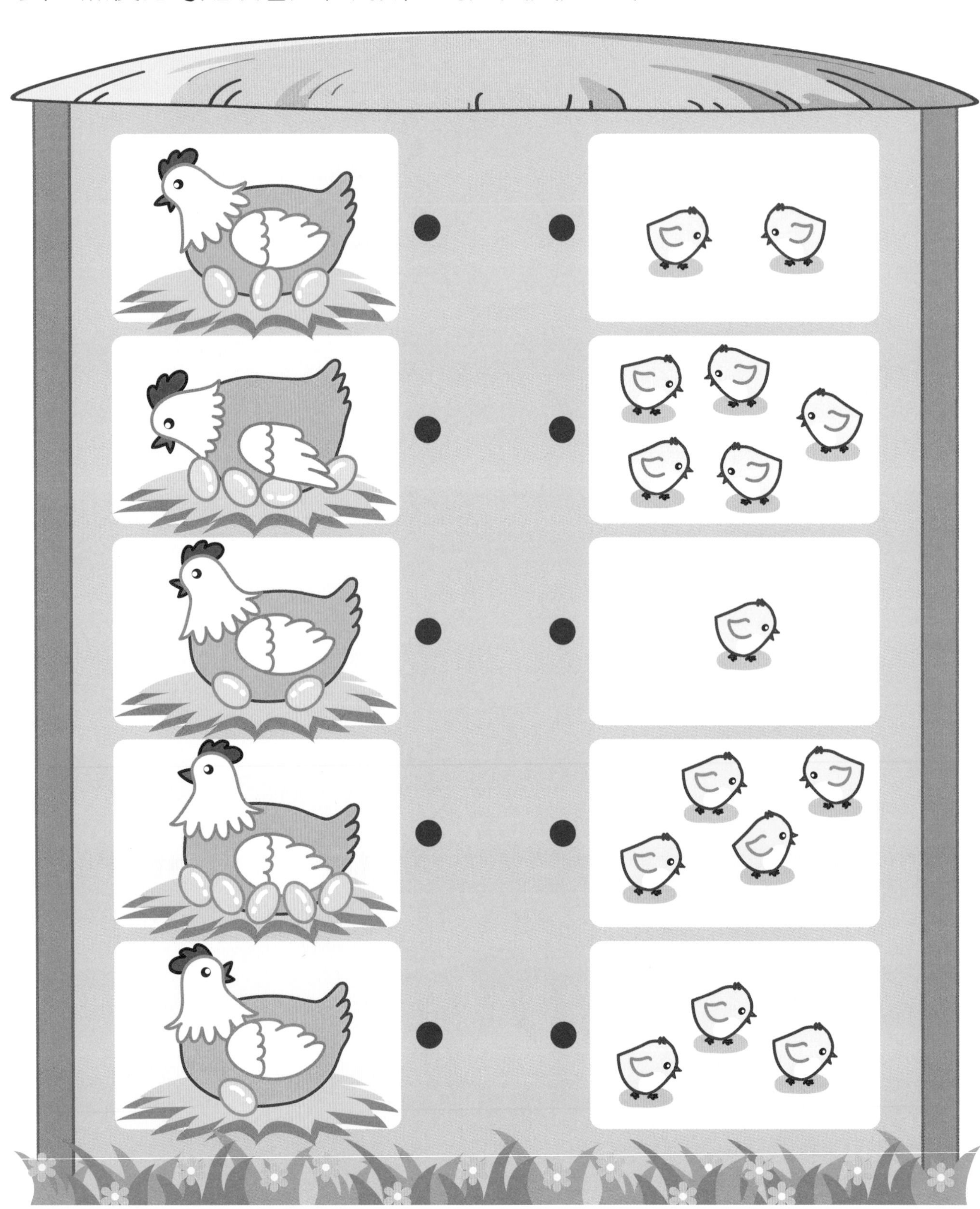

動物過山車

動物們舉着圓點牌子坐過山車。圓點是按數量順序排列，有些動物的牌子上沒有畫圓點，請你在空白的牌子上畫出正確數量的圓點。

練習 54

動物比體重

4 隻動物按體重排隊，重的在前，輕的在後。請你看一看哪組排得對，就在該組右邊的格子裏畫 1 朵花。

動物比高矮

比一比每組圖中誰最高，就把牠旁邊的圓圈塗紅色，最矮的塗藍色。

動物比遠近

請你把距離小兔子最遠的動物圈起來，把距離小兔子最近的動物塗上顏色。

動物玩拔河

動物們正在拔河。請你找出距離小鹿最近的動物，在牠下面的格子裏畫圓圈。找出距離小猴子最遠的動物，把牠下面的格子塗黃色。找出距離小熊最遠的動物，把牠下面的格子塗綠色。

練習 58

誰最前、誰最後

請你觀察下面幾組動物，把最前面的一組動物圈起來，在最後面的一組動物下面畫小圓。

大樹和動物

請你從貼紙頁取下動物貼紙，隨意貼在大樹的周圍。貼完後說一說，哪些動物在前，哪些動物在後。

練習 60

找相同圖形

請你觀察圖形寶寶的外形，然後把格子裏和它一樣的圖形圈起來。

圖形和顏色

請你給虛線圍成的圖形塗上你喜歡的顏色，然後說一說塗的是什麼圖形和顏色。

練習 62

動物坐汽車

請你把下面的 4 輛汽車分給 4 隻動物，怎樣分最合適？請你把相配的汽車跟動物連起來。

農場裏的動物

農場裏藏着 5 隻動物，請你把牠們圈起來，然後說一說你找到了哪些動物。

練習 64

動物住哪裏

數一數這座大廈每層住着多少隻動物，請你把動物和對應數字連起來。

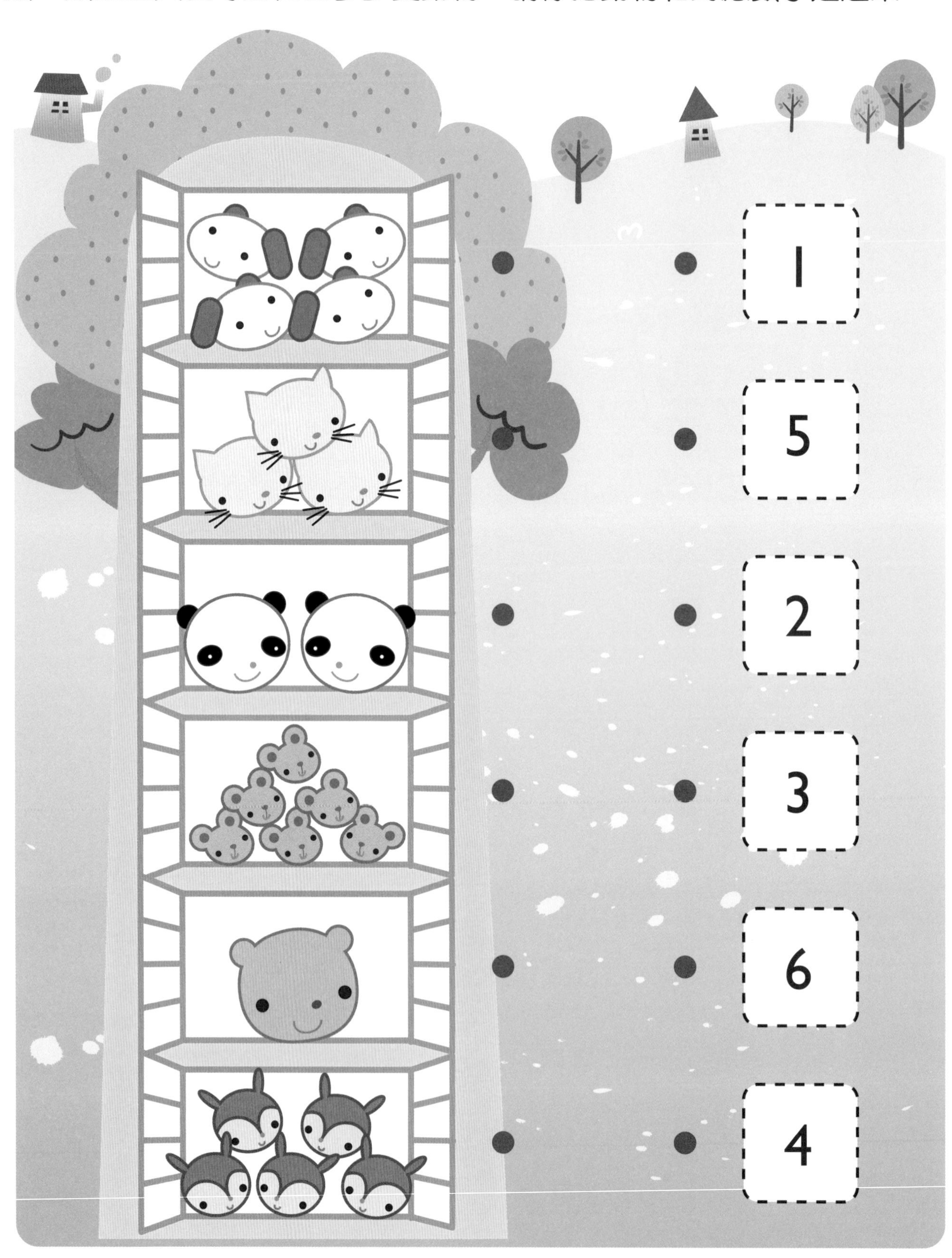

救救小動物

動物們住的樓房着火了！圖中的梯子分別能救哪隻動物？請你在梯子下的圓圈和動物旁的圓圈塗上相同的顏色。

動物的位置

請你根據左邊圖中動物的位置，從貼紙頁找出動物貼紙貼在右邊圖中相同的位置上。

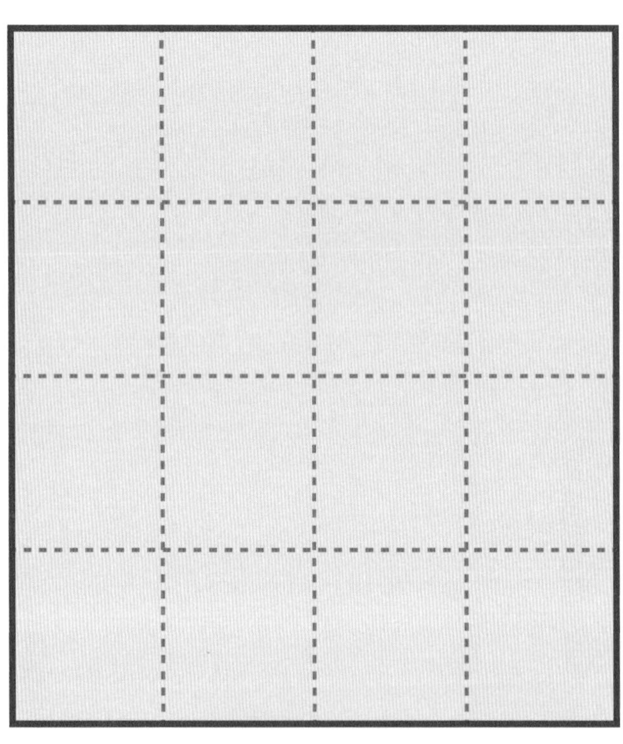

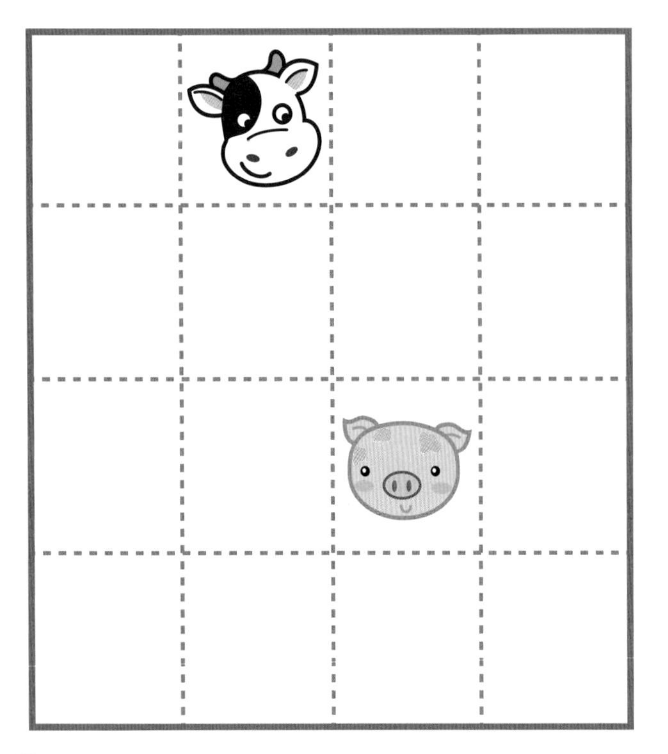

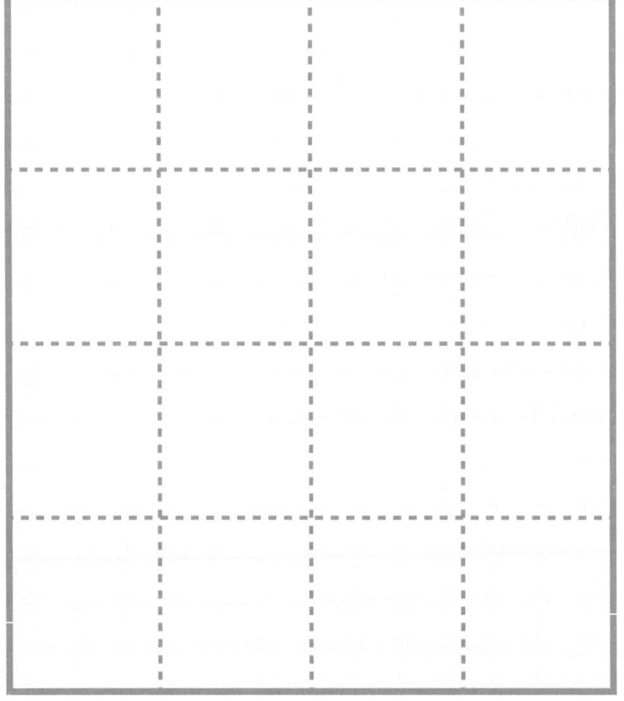

67 小猴子學跳傘

小猴子在學跳傘。看一看，想一想，哪隻小猴子飄在最下面，最先落地，請你給牠的帽子塗上顏色。哪隻飄在最上面，最後落地，請你把牠圈起來。

練習 68

動物來舉重

小豬、小牛和大熊貓參加舉重比賽。看一看，比一比，誰是冠軍，誰是亞軍，誰是季軍？然後從貼紙頁取下動物貼紙貼在領獎台正確的位置上。

誰較重

請你觀察下圖，看看哪邊較重，然後把較重的一邊圈起來。

練習 70

重的是哪邊

請你觀察下面的兩幅圖，看看哪邊較重，然後把較重的一邊的格子塗上顏色。

練習 71 玩蹺蹺板

小狗、小兔和小豬正在玩蹺蹺板。看一看，比一比，誰最重，請你把牠圈起來。

兩邊一樣重

動物們在比體重。請你把較重的一邊的格子塗色，一樣重就把兩個格子都塗色。

練習 73

動物的腳印

這些小腳印分別是哪隻動物留下的？請你把正確的腳印跟動物連起來。

練習 74

猜猜是什麼

請你按照 1-10 的順序連線，完成後看看會出現什麼。

練習 75

小豬做蛋糕

請你按照小豬做蛋糕的順序給格子塗色，第一步塗 1 個格子，第二步塗 2 個格子，第三步塗 3 個格子，第四步塗 4 個格子。

練習 76

小猴子爬竿

小猴子舉行爬竿比賽。誰得了冠軍？請你看圖後把牠圈起來。

練習 77

動物來排隊

動物們按規律排隊。哪組排對了，請你把格子塗色，排錯的在格子裏畫 ✗ 。

動物穿珠子

動物們在穿珠子。接下來該穿哪顆珠子？請你把右邊正確的珠子跟左邊的珠鏈連起來。

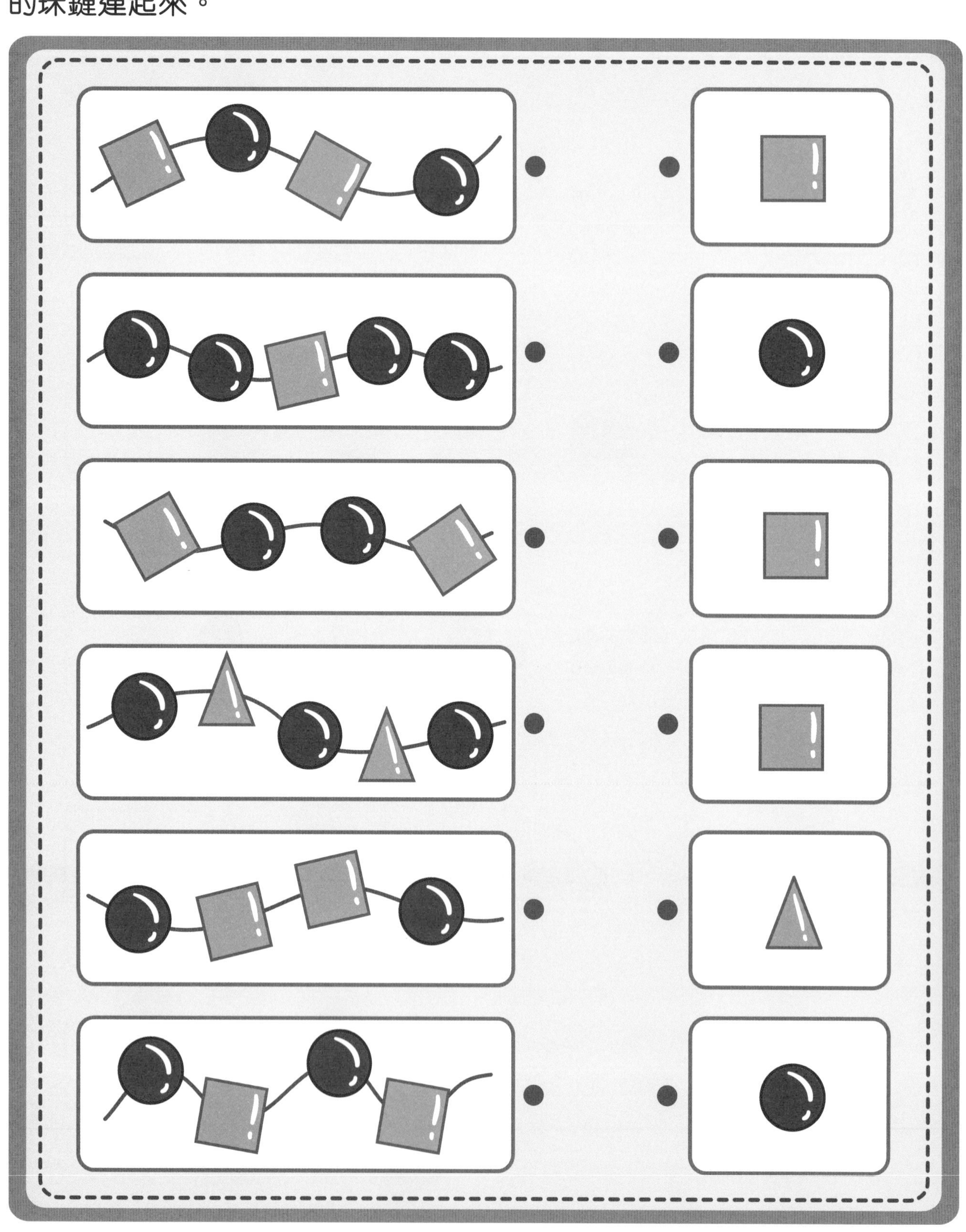

龍的花紋

仔細觀察龍身上花紋的顏色。請你按照花紋顏色的變化，接着把龍身上的花紋塗色。

圖像記憶（一）

請你看圖記住下面的車子，然後把書合上，過 3 分鐘後說一說圖中有哪些車子。

練習 81

圖像記憶（二）

請你看圖記住下面的動物，然後把圖遮蓋，說一說圖裏有哪些動物。

圖像記憶（三）

下面的每組隊伍中，哪隻動物跑在最前面，請你記住牠，然後把圖遮蓋，在圖下方把每組中跑得最快的動物圈起來。

練習 1： 中間的小刺蝟摘的桃子最多

練習 2：

練習 3：

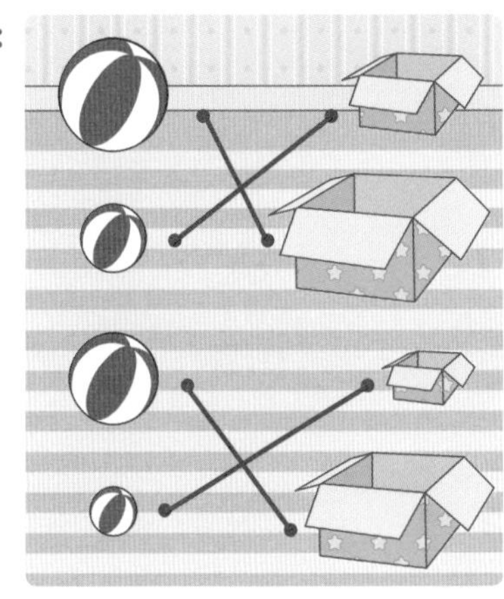

練習 4： 從上至下依次為：黃色、粉紅色、紅色、綠色、藍色

練習 5： 略

練習 6：

練習 7： 藏起來的動物分別是：
小松鼠、大熊貓、小猴子、小狗、
小兔子、小刺蝟、小馬、母雞

練習 8： D

練習 9： 老虎、鳥、小馬、小牛、小猴子

練習 10：

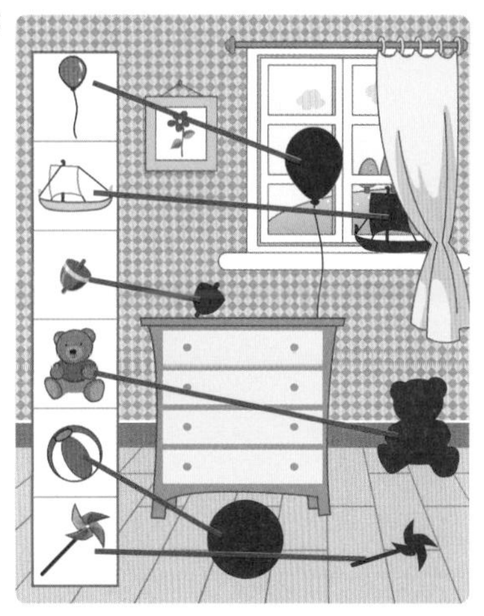

練習 11：

練習 12：

練習 13： 小豬的輪胎最寬，小鴨的最窄

練習 14： 略

練習 15： 從左至右依次為：第一隻羊是黃色，第二隻是綠色，第三隻是紫色，第四隻是藍色

練習 16-17： 略

練習 18： 從左至右依次為：小狗的尾巴、山羊的尾巴、 松鼠的尾巴、公雞的尾巴

練習 19： 圓點數量依次為：
第一組：321，第二組：231
第三組：312，第四組：123

練習 20： 鴨子：4 顆圓點，鵝：5 顆圓點
鵝較多

練習 21： 略

練習 22： 小貓 3 個蘋果，小熊 4 個柿子，熊貓 5 個橙，小狗 1 個菠蘿

練習 23-24： 略

練習 25： 第一組都是交通工具，貼上巴士
第二組都是水果，貼上梨子
第三組都是家具，貼上沙發
第四組都是器皿，貼上碟子

練習 26：

練習 27： 乘飛機最快

練習 28： 第 1 題：飛機；第 2 題：汽船
第 3 題：電單車；第 4 題：汽車

練習 29： 開放性答案，只要言之成理便可

練習 30： 飛機、小鳥、蟬、蜜蜂、蝴蝶、蜻蜓、烏鴉、火箭

練習 31： 小鳥、小花和叉子

練習 32： 左上：西瓜；右上：梨
左下：葡萄；右下：橙子

練習 33： 第 1 題：第 2 隻兔子
第 2 題：第 3 隻蝴蝶
第 3 題：第 2 隻蜜蜂
第 4 題：第 2 隻小狗

練習 34：

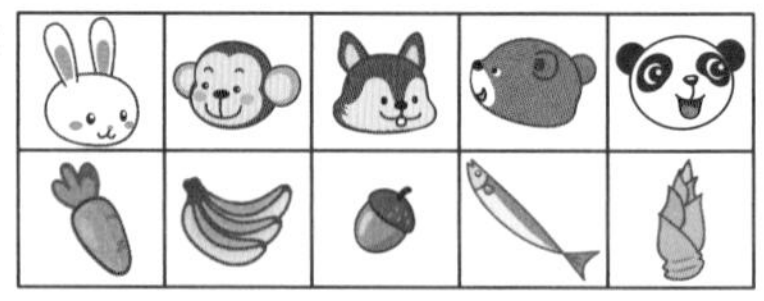

練習 35：

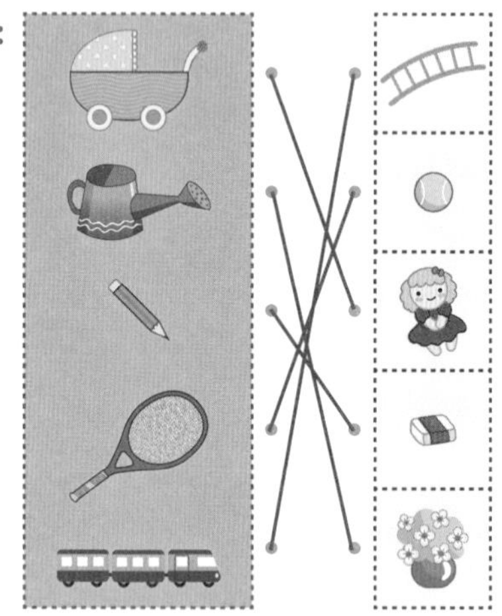

練習 36： 體溫計、聽診器、注射器、醫藥箱、膠布

練習 37：

練習 38： 大象需要泳帽、短褲、拖鞋；小熊需要毛線帽、圍巾、手套、毛衣、厚鞋子

練習 39：

練習 40：排第三的是小猴子，排第五的是白熊

練習 41：袋鼠是第一名

練習 42：圖 1 跟其他不一樣

練習 43：

練習 44：

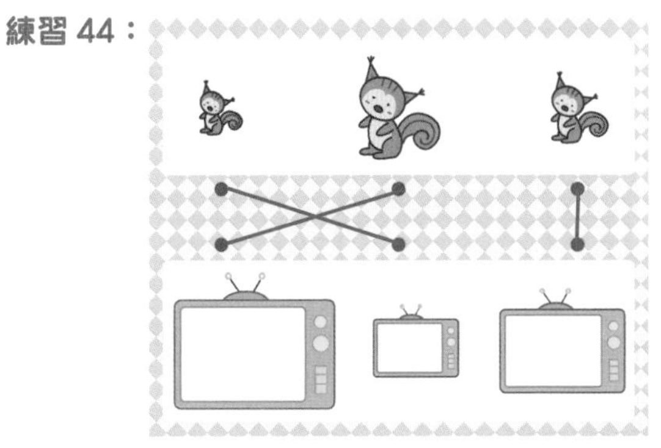

練習 45：小兔子不吃魚，小雞不能在水裏游，
小羊不吃肉，老虎不以草為主食

練習 46：

練習 47：略

練習 48：

練習 49：小狗：3 顆圓點；小貓：4 顆圓點
小雞：7 顆圓點；小兔：5 顆圓點

練習 50：

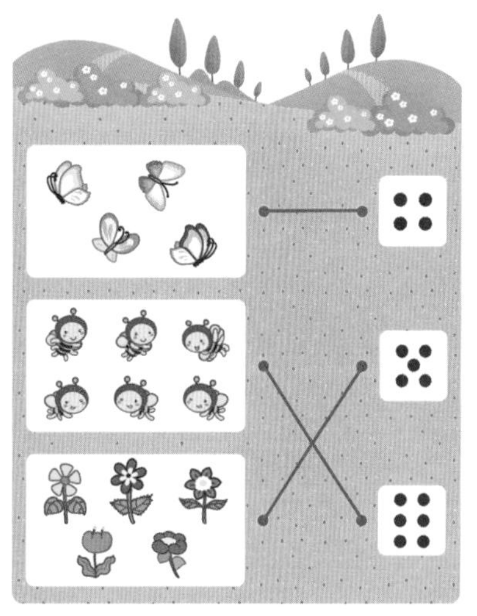

練習 51： 略

練習 52：

練習 53： 小鹿：2 顆圓點
小松鼠：4 顆圓點
小牛：6 顆圓點
大熊貓：8 顆圓點

練習 54： 第 3 組是對的

練習 55：

練習 56： 距離小兔子最遠的是鹿，距離小兔子最近的是鴨子

練習 57： 距離小鹿最近的是小綿羊
距離小猴子最遠的是小熊
距離小熊最遠的是熊貓

練習 58： 最前面的一組是小兔子
最後面的一組是小鴨子

練習 59： 略

練習 60：

練習 61： 圖中有圓形、星形、長方形、三角形、正方形和花形。答案可用：「XX 色的 XX 形」說出。

練習 62： 按照汽車的大小和動物的體型來分。

練習 63：

練習 64：

練習 65： 從左到右的梯子分別救小兔、小豬、小狗、小猴子

練習 66： 略

練習 67：

練習 68： 小牛是冠軍，小豬是亞軍，大熊貓是季軍

練習 69： 大象重

練習 70： 上圖：西瓜重；下圖：獅子重

練習 71： 小豬最重

練習 72： 上圖：小熊重；下圖：一樣重

練習 73：

練習 74： 魚

練習 75： 圖 1：塗 3 格；圖 2：塗 4 格
圖 3：塗 1 格；圖 4：塗 2 格

練習 76：

練習 77： 第 1 組：排對；第 2 組：排錯；
第 3 組：排對；第 4 組：排錯；
第 5 組：排錯

練習 78：

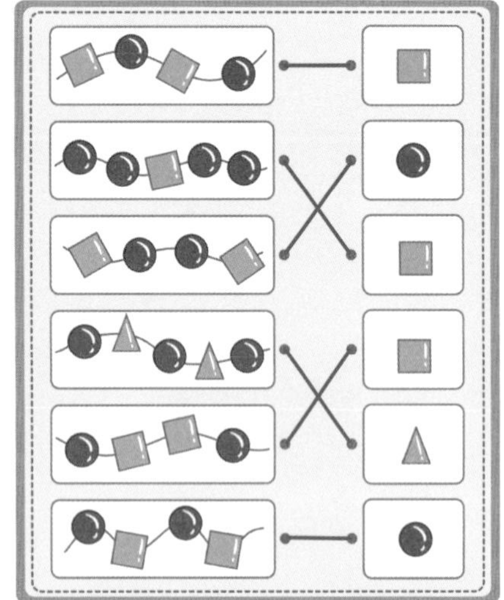

練習 79： 第一條龍按紅黃、紅黃規律塗色
第二條龍按黃黃紅、黃黃紅規律塗色
第三條龍按紅紅黃黃、紅紅黃黃塗色

練習 80-81：略

練習 82： 第一組：小兔最快
第二組：小貓最快
第三組：小羊最快

第11頁

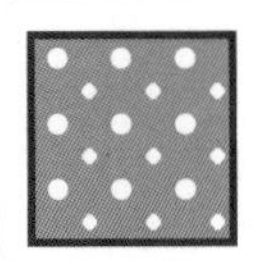

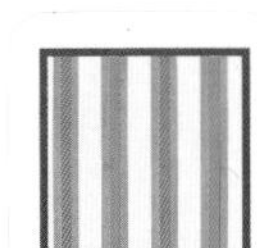

第15頁

第20頁

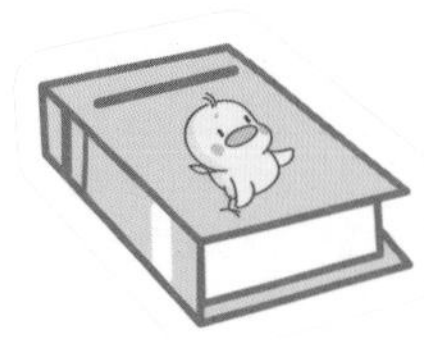
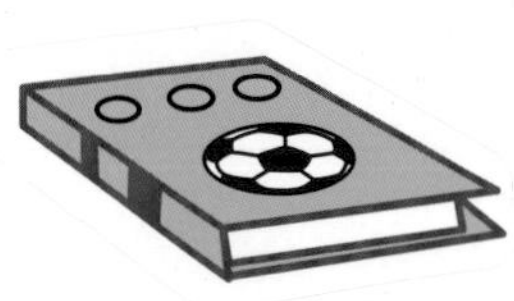

第22頁

第23頁

第29頁

第31頁

第38頁

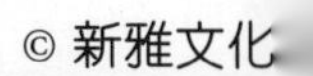
© 新雅文化

第40頁

第47頁

3 1

2 4

第53頁

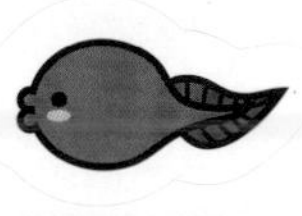

第57頁

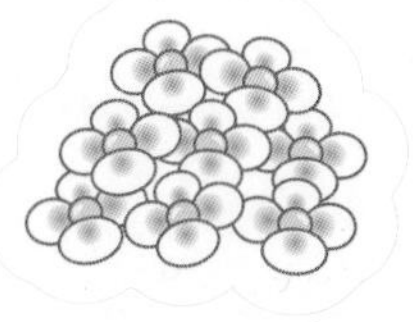

第65頁

第72頁

第74頁

© 新雅文化